漫画世界科技简史

飞机飞呀飞

红红罗卜 著/绘

石油工业出版社

动物怎么飞？

看！
我飞起来啦！

我们鸟类的身体比较轻，骨骼很细，大部分骨头中都充满了空气，所以很适合飞行。

难怪我飞不起来。

我们飞行靠的是翅膀。翅膀的扇动，能产生飞行的力量，让我们飞起来。

哦！原来是我没有翅膀。

我们没有贮存大便的直肠，也没有贮存尿液的膀胱。这样可以随时随地排出排泄物，从而减轻体重，利于飞行。

往哪儿拉！

我叫军舰鸟，捕食时飞行速度可达每小时 400 千米，是飞得最快的鸟。

我叫蜂鸟，只有 5~6 厘米长，重量只有 1.6~1.8 克，是最小的鸟。

我叫大天鹅，飞行高度超过 9000 米，能飞过珠穆朗玛峰，从青藏高原到南亚，是飞得最高的鸟。

我叫北极燕鸥，每年往返于地球的南北两极，飞行距离达 4 万多千米，是飞得最远的鸟。

在幻想世界中飞行

阿拉伯的民间故事《一千零一夜》中的阿拉丁是坐着飞毯飞行。飞毯飞行的时候，人坐着、趴着、躺着都行，比较舒服。

在希腊神话中，代达罗斯和儿子伊卡洛斯用蜡和羽毛造的翅膀逃离克里特岛。

伊卡洛斯飞行时，因飞得太高，两个翅膀上的蜡被太阳融化后，跌落水中丧生了。

我们开始试着飞

中国人的尝试与发明

人类不满足于幻想，希望真的能飞起来，于是开始不断地探索与尝试。

中国的第五大发明

2000 多年前中国人就发明了风筝。

英国博物馆把中国的风筝称为"中国的第五大发明"。

在美国国家博物馆中，一块牌子上写着："世界上最早的飞行器是中国的风筝和火箭。"

古代中国人发明的"孔明灯"，曾用来传递军事信号。孔明灯还传到了日本等其他国家。

在明朝的时候，有一位万户（明朝官职名称），为了实现飞天的梦想，他坐在一把绑着47支火箭的椅子上，手里拿着风筝，点燃火箭要飞向天空。

也有记载说万户并没有飞起来，火箭点燃后立刻爆炸了，万户并没有实现他飞天的梦想。但正是这样的精神引导着人类不断地探索，最终实现自己的梦想，翱翔于蓝天。

厉害！

哇！

太危险啦！

万户

他真勇敢！

外国人也在不断地尝试飞起来

意大利的达·芬奇画了很多飞行机器的设计图，有降落伞草图、扑翼机设计图、飞行示意图、直升机草图等。这些设计草图展现出无与伦比的想象力。

达·芬奇

扑翼机翅膀结构图

降落伞草图

扑翼机设计图

直升机草图

达·芬奇还曾制作了一个飞行器在佛罗伦萨附近的小山上试飞，但没有成功。

一不小心就成了鼻祖

当然，也有例外，比如这个降落伞草图就成就了福斯托·韦兰齐奥。

1595年，韦兰齐奥参照达·芬奇的降落伞设计图，制作了一个降落伞，并用它跳伞成功了，于是人们就把韦兰齐奥当成了滑翔伞运动的鼻祖。

福斯托·韦兰齐奥

乔瓦尼·巴蒂斯·但丁

伊卡洛斯的方法是骗人的

也许是受了伊卡洛斯故事的影响，1490年，意大利人乔瓦尼·巴蒂斯·但丁把羽毛粘在自己的胳膊上，想像鸟一样拍打翅膀飞行，结果从教堂顶上摔落而死。

1507年，苏格拉王室的医生约翰·达米安给自己装了一对羽毛翅膀，大胆地从城墙上"飞"了起来。结果他摔到了墙脚的粪堆里。虽然臭气熏天，却保住了他的性命，只摔断了一条腿。

粘上羽毛就想飞起来的念头从此断绝，人类想要飞上天空还得借助其他方法。

真是异想天开！！

天哪！

他掉到粪堆里了！

约翰·达米安

孟格菲兄弟的篝火试验

法国人孟格菲兄弟看到纸屑随热烟能飞到空中，就用布料做了个袋子，把篝火产生的热烟聚拢在布袋里，结果袋子飞起来了。

聪明造纸商发明了热气球

在篝火试验的基础上，孟格菲兄弟制作了一只热气球。1783年6月4日，他们在里昂安诺内广场做公开表演，一个直径为11米的热气球上升约457米，飞了1600多米。后来又成功做了载人试验，法国科学家罗齐尔成为了第一个乘热气球飞行的人。

氢气球也不甘落后

同时，法国科学家夏尔制作了世界上第一只氢气球并试飞成功。

夏尔和助手罗伯特乘氢气球在巴黎上空飞行了两个多小时，这是人类第一次氢气球载人飞行。

气球红透了半边天

　　热气球、氢气球都成功载人飞行了，整个法国都陷入狂热当中，"气球"成了当时最为时髦的字眼。人类的飞行梦想终于迈出了坚实的一步。

飞艇就是在氢气球的基础上发展起来的，现在的飞艇都有推进和控制飞行状态的装置。

好多气球呀！

飞得好高呀！

我也要去试试！

人们开始摸到了飞行的门槛

1884 年，俄罗斯的莫扎伊斯基设计的巨翼蒸汽动力飞机试飞，中途离开了几次地面，但没有持续飞行。

奥托·李林塔尔是德国工程师和滑翔飞行家，他最早设计和制造出实用的滑翔机，人称"滑翔机之父"。

1894 年，他操纵滑翔机从 50 米的高山坡上滑翔而下，飞行了 350 米，最远一次达 1000 米。他写了《鸟类飞行——航空的基础》，编制了《空气压力数据表》等书籍。

1896 年，李林塔尔因试飞失事丧生。

11 号滑翔机

折个纸飞机，用力抛出去，纸飞机会在空中飞一段距离，这就是滑翔。

奥托·李林塔尔

改天我也试试！

帕西·皮尔策

啊！ 啊！ 啊！ 啊！

爱尔兰人帕西·皮尔策在试验滑翔机的时候机毁人亡。

重机枪发明人马克沁在巨型飞机试飞失败后，他放弃了对飞机的进一步研究。

我再也不做飞机了！

马克沁

航空学家兰利的飞机摔入水中。那个时期，航空事业挫折不断。

这家伙怎么搞的！

兰利

真的飞起来了

无数次的失败没有阻止人类追求飞行的梦想！

19世纪，美国著名的发明家莱特兄弟，他们俩从小就对飞行特别感兴趣，一直痴迷于对飞行的研究。

莱特兄弟

他们对螺旋桨、发动机进行了很多改进，做了1000多次滑翔试飞，自制了200多个不同的机翼进行了上千次风洞实验。

这可是第 201 个了！

1903 年 12 月 17 日，弟弟驾驶着名为"飞行者号"的飞机进行试飞，一个历史性的时刻到来了！飞机在空中飞行了 12 秒后，安全落地了。

这是人类第一次用动力飞机的载人飞行。

莱特兄弟和他们的"飞行者号"一战成名。人类自此跨入飞机时代！

1908 年，他们试飞了最新研制的飞机，这一次，飞机总共飞行了 2 小时 20 分钟。

飞机的大发展

莱特兄弟飞行成功后，飞机开始快速发展。

最早的飞机多以钢管和木材为框架，布料蒙成翅膀。为确保有足够的升力，都是采用双翼或三翼，由发动机带动螺旋桨飞行。

1913 年，俄国设计制造了采用 4 台发动机的大型客机，第二年，改进型"伊利亚·穆洛梅茨"开始客运服务。飞机上部还有一层甲板，乘客可像坐船一样，在飞机飞行时登上甲板。

上面风景真好！

就是风有点大！

1915 年，德国人用薄薄的罐头铁皮，制造了一架全金属飞机。人们戏称这架飞机为"驴罐头"。

第一次世界大战爆发后，飞机频繁运用于战争中。各种各样的军用飞机出现了，有侦察敌区的侦察机、扔炸弹的轰炸机、击落敌机的歼击机等。俄国的"伊利亚·穆洛梅茨"被改装成大型轰炸机使用。

随着重量轻、强度大的铝合金材料的出现，第一次世界大战后，双翼机逐渐被空气阻力更小的单翼机取代，单翼螺旋桨飞机逐渐成为主流。

最早的空姐

1930 年，波音公司招募了一批护士负责安抚乘客的紧张情绪，这就是空姐的雏形。

飞行的黄金时代

航空史上的"黄金时代"

20 世纪的二三十年代，各种长距离飞行纷纷展开，有跨越大西洋的飞行、有跨越非洲的飞行，还有从伦敦飞到澳大利亚的环半球飞行。

1924 年 4 月，4 架"世界漫游者"从美国西雅图出发，飞越阿拉斯加的时候坠毁一架，其余 3 架经过日本、印度、法国、英国、加拿大等国家，9 月回到西雅图，完成了世界上第一次环球飞行。

空中的超级巨无霸

不仅仅是飞机，飞艇技术也在迅速发展。

1929 年 8 月 8 日，LZ-127 "齐柏林伯爵号" 飞艇从美国新泽西州莱克赫斯特出发，环绕世界一周，于 29 日飞回莱克赫斯特。这是飞艇最为辉煌的时刻。

飞艇虽然辉煌一时，却因为接二连三的事故，导致各个国家逐渐开始淘汰大型飞艇。

1937 年，"兴登堡号" 跨越大西洋，在美国准备地着陆时，突然爆炸燃烧。此后，大型飞艇逐渐退出了历史舞台。

从而，飞机这种更安全、更快速的飞行器得到了蓬勃的发展，各种新技术发明层出不穷，这段时间，航空飞行的记录在不断地刷新。

喷气时代的来临

喷气式飞机

喷气式飞机使用的喷气发动机，靠燃料燃烧时产生的气体向后高速喷射的反冲作用使飞机向前飞行，可使飞机获得更大的推力，飞得更快。

第一个提出喷气式理论的人是亨利·科安达。

最早发明喷气式飞机的是德国飞机设计师亨克尔与奥海因。1939年8月27日，两人研制的喷气式战斗机试飞成功，它标志着人类航空史中喷气飞行时代的到来。当时喷气式飞机比螺旋桨式飞机每小时要快160千米。

美国波音公司设计制造的波音 707，是首款被广泛使用的喷气式民航客机。1954 年首次飞行，巡航速度在 800 千米每小时以上，飞行高度在万米以上。喷气式民航客机主要机型还有英国的"彗星"Ⅳ、美国 DC-8、苏联的图 -104 等。

1970 年后出现的宽机身客机大大提高了载客能力，由以前的 100~150 人增加到 350~500 人。代表性机型有美国的波音 757、波音 767、欧洲的 A-310 等。

直升机

竹蜻蜓,在中国孩子手中玩了两千多年,称为"中国螺旋"。德国人根据"竹蜻蜓"的形状和原理发明了直升机的螺旋桨。

1940 年,世界上第一架实用型直升机 VS-300 诞生了,由美国工程师西科斯基研制。这架直升机是现代直升机的鼻祖。

最大的直升机是苏联研制生产的米 v-12 "信鸽"重型运输直升机。该机最大起飞重量为 105 吨。

最小的直升机自重仅为 115 千克,是日本研制的一种单人超小型直升机。

无人机

无人机就是无人驾驶的飞机，用来帮助人们做很多的工作，例如送快递、观察野生动物、空中表演、撒种子和农药、灾难救援等事情。

无人机航拍

无人机喷撒农药

无人机救援火灾

飞机可以飞多快

突破音速

声音能跑多快？正常的情况下，声音一秒钟能跑 340 米。如果我们比声音还跑得快，就会遇到音障。飞机的速度接近音速时，进一步提速就会遇到强大的空气阻力，仿佛有一堵空气墙挡着，这就是音障。

1947 年 10 月 14 日，美国空军上尉查尔斯·耶格尔驾驶 X-1 试验飞机在 12000 千米的高空超过了音速，人类首次突破了音障。

追得上时间的协和号

1976 年，英国和法国共同研制了协和号超音速客机，能超过音速 2 倍飞行。"协和号"飞机从巴黎到纽约的飞行时间通常只需 3 小时 15 分钟，而巴黎和纽约的时差是 6 个小时。如果乘客晚上 9 点乘"协和号"飞机从巴黎出发，到达纽约的时间却是下午 6 点 15 分，所以"协和号"的乘客最喜欢说："我还没出发就已经到了。"

飞机可以换衣服吗？

飞机的涂装

飞机的涂装就是飞机的衣服，不同的涂装带来的视觉感受是不同的。

1995 年，西太平洋航空公司将波音 737-300 涂装成辛普森动画片图案，以此为该系列动画片做广告。

蓝精灵也算得上是比利时的"国粹"之一，布鲁塞尔航空公司推出了这架彩绘机以推广他们国家的文化。

1996 年，百事可乐公司与法国航空达成广告协议，将百事可乐有辨识度的红白蓝三色组合喷涂在著名的超音速飞机"协和号"身上。

为了突出阿拉斯加航空在空运阿拉斯加三文鱼中的重要作用，该航空公司将737NG机身外观喷涂成一条巨大的三文鱼图案。

全日空航空公司曾将飞机机身喷涂为精灵宝可梦的动画形象，飞机内部也以该动画为主题进行装饰，该喷涂主题一直持续到2016年。

海洋世界与西南航空公司有长期合作伙伴关系，因此1988到2014年间，西南航空将2架波音737S喷涂成虎鲸图案。

隐形飞机真的看不见吗？

隐形飞机并不是肉眼看不见

　　第二次世界大战期间，当时的一些飞机采用了经过大量试验的迷彩涂料，目的就是为了降低飞机与天空背景的对比度，以减小飞机的目视特征。实际上，这是一种最简单的隐身技术。

　　人眼看到的距离有限，雷达比人眼要"看"得远得多。所以，现代战斗机都是用雷达来寻找目标，隐形飞机能用各种办法欺骗雷达，让雷达"看"不见自己。

糟糕！被发现了

美国20世纪80年代研制的隐身战斗机F-117"夜鹰"是世界上第一种可正式作战的隐身战斗机，拥有极其科幻的外形，让敌方雷达无法发现它。

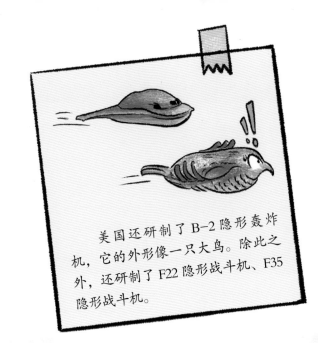

美国还研制了B-2隐形轰炸机，它的外形像一只大鸟。除此之外，还研制了F22隐形战斗机、F35隐形战斗机。

中国的飞机

中国人也在飞行领域不断地努力。

1908年，中国工程师冯如在美国驾驶他自己设计制作的飞机试飞，飞行了790多米以后缓缓降落在草坪上。这是中国人制造的第一架飞机。

腾飞的中国航空

1954年7月3日，新中国成立后第一架自己制造的飞机"初教-5"首飞成功，这是中国航空工业由修理跨入了制造新阶段的标志。中国能自己制造飞机了。努力了几十年，中国的飞机制造工业有了巨大的发展。

中国还研制了重型舰载战斗机歼-15，在"辽宁号"、"山东号"航空母舰上成功进行了着舰和起飞两项测试。

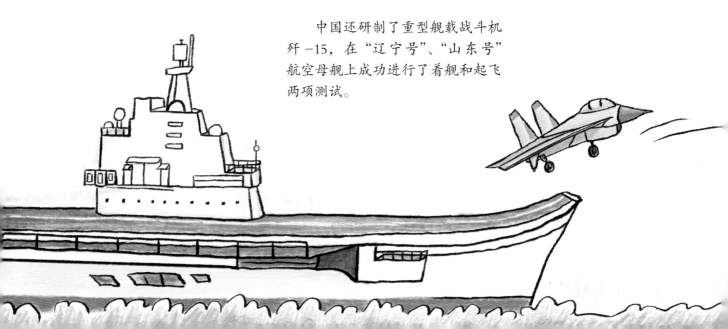

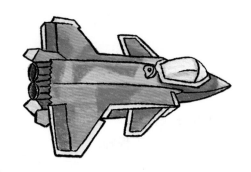

2011 年，中国的隐形战斗机歼–20 首飞成功了，中国军队首次装备了隐形战斗机，中国成为世界上第二个能够生产、装备隐形战斗机的国家。

中国运–20 在 2013 年首飞成功了，中国有了新一代喷气式军用大型运输机。

C919（COMAC C919）中型客机也在 2017 年试飞了，中国有了按照最新国际适航标准研制的干线民用飞机。

"翼龙"无人机

鲲龙–600 在 2017 年进行了首次试飞，中国研究制造出了大型灭火 / 水上救援水陆两栖飞机。

"彩虹四号"（CH–4）中空长航时无人机

飞行是人类最大的梦想，人类从梦想开始，至今走过了一个漫长而曲折的道路。

飞行的奥秘还有许多等待我们揭开，要飞得更快、更高、更久、更远，还有许多等待我们去发明创造。我们国家研制的飞机与国外最先进的飞机还有差距。这些都需要我们努力再努力。

手工制作

飞机为什么会飞起来?

因为飞机翅膀会产生升力。现在一起来动手做个翅膀产生升力的小实验吧。

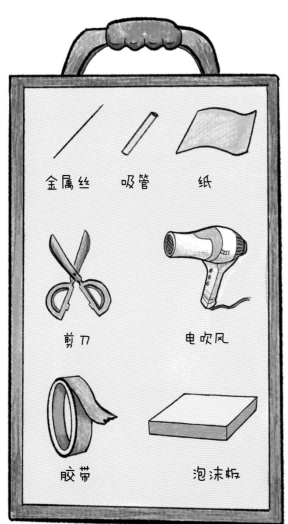

金属丝　　吸管　　纸

剪刀　　电吹风

胶带　　泡沫板

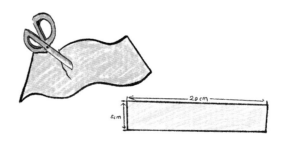

1. 剪 1 条长 20~30 厘米,宽 5~6 厘米的纸条。

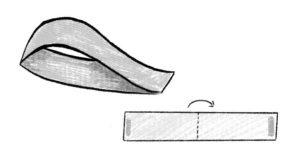

2. 把纸条对折,两端粘在一起。看一看像不像飞机的翅膀。

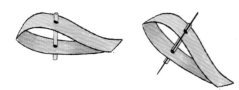 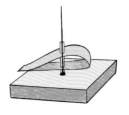

3. 将一节吸管穿过飞机翅膀，再把金属丝穿过吸管。

4. 把金属丝垂直立固定在泡沫板上。

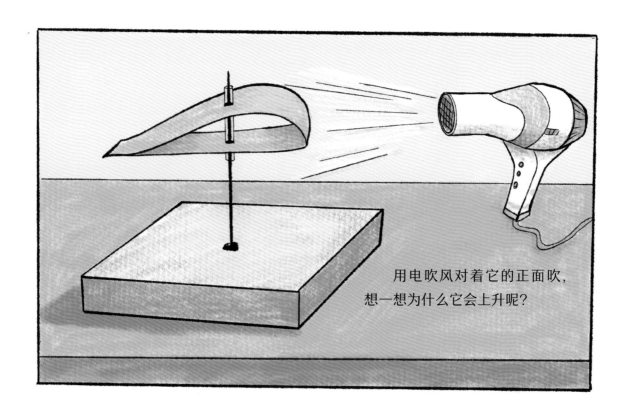

用电吹风对着它的正面吹，想一想为什么它会上升呢？

飞机的翅膀断面往往都是上面凸起的形状。在发动机的推动下，飞机会快速前进。流过翅膀上面的空气流速快、气压低，而流过下面的空气流速慢、气压高，这样就产生了一个压力差，也就是升力。

小百科：

纳米级：很小很小，大约是头发的五万分之一。

代达罗斯：希腊神话中的人物。

达·芬奇：意大利人，艺术家、学者。

孟格菲兄弟：法国人，造纸商、发明家。

莫扎伊斯基：俄国人，军事工程师。

奥托·李林塔尔：德国人，工程师和滑翔飞行家，世界航空先驱者之一。

帕西·皮尔策：英国人，航空先驱。

马克沁：枪械设计师，出生于美国，后来移居英国。

兰利：美国人，天文学家、飞行先驱。

莱特兄弟：美国人，飞机发明家，哥哥威尔伯·莱特、弟弟奥维尔·莱特。

初教-5：中国的初级教练机。

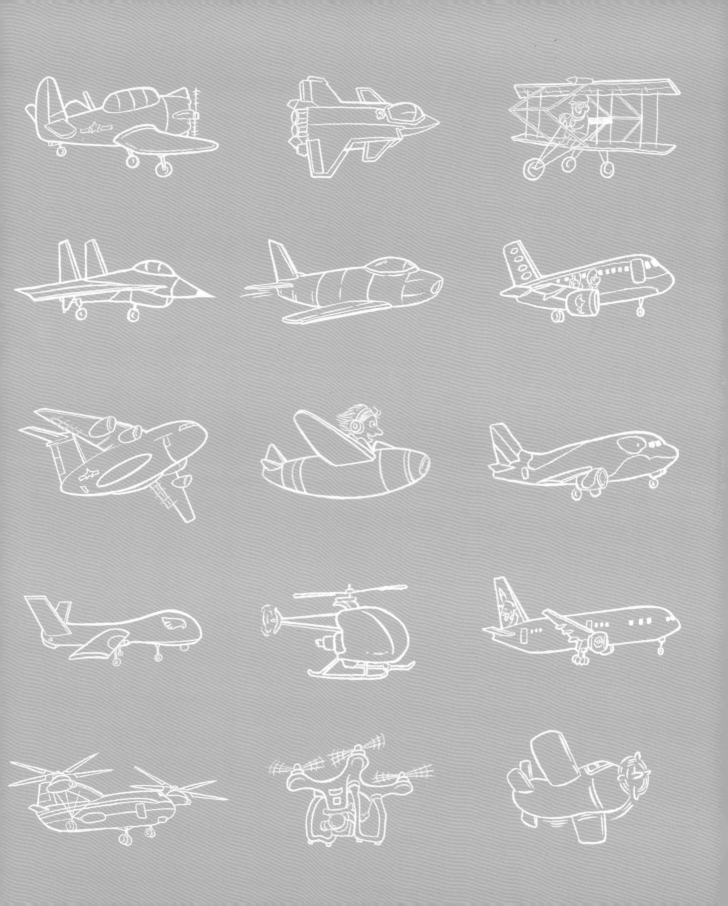